发现身边的科学
FAXIAN SHENBIAN DE KEXUE

不会炸的气球

王轶美　主编

贺杨　陈晓东　著　上电—中华"华光之翼"漫画工作室　绘

中国纺织出版社有限公司

咚咚："哎呀，吓了我一跳！"
妈妈："玩气球要小心呀。"
咚咚："是气球太容易破了！"

2

爸爸："我有一个魔法，可以让你的气球戳不破。"

咚咚："这么神奇！我要看看。"

爸爸用根针在气球底部一戳，竟然没破。

咚咚："太神奇了，爸爸，你是怎么做到的呀？"

为什么爸爸用针戳气球却没炸呢？这是因为爸爸戳的是气球的底部。虽然气球已经充气了，但底部乳胶的弹性还比较充足，细针戳时，气球内部的压力和乳胶的收缩性仍然可以保持气体密封，而其他部位已经被气体撑得比较薄了，处于紧绷的状态，所以一扎就会破。

爸爸："请帮我找一个透明胶带。"

咚咚："爸爸，给你准备好了！"

爸爸："现在，请你把气球充上气吧！"

6

想一想：可以用嘴吹气球吗？

　　一般不建议直接用嘴吹气球，用嘴吹气球有可能对身体造成伤害。口径越小的气球，充气时需要的气体压力也越大，高压可能会造成人体内微血管破裂，而逆流的高压气体也对肺有不良影响，假如用嘴吹不小心用力过猛，气球破裂，弹回的气球还有可能对人眼伤害。所以，建议用工具来给气球打气。

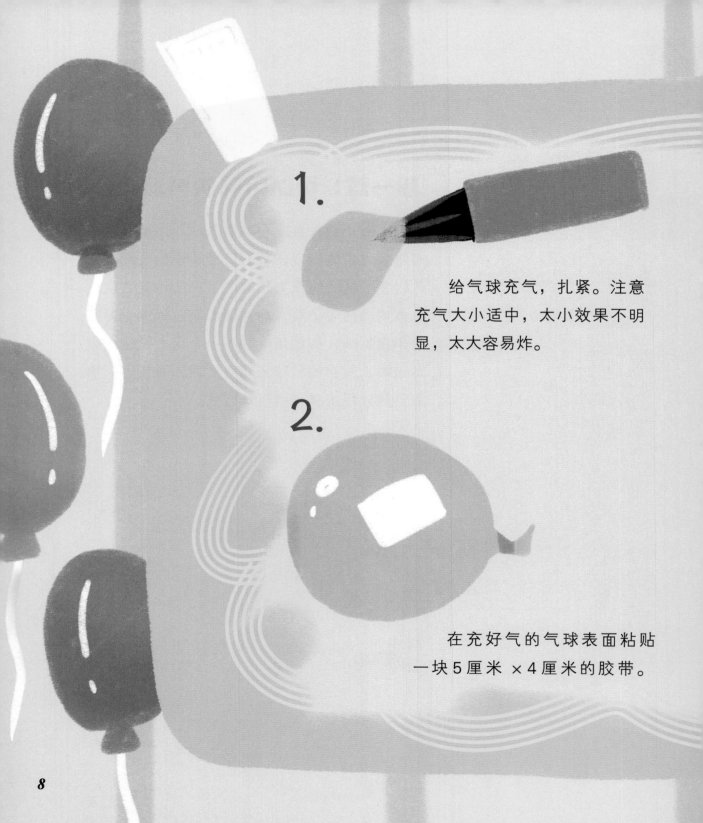

1.

给气球充气，扎紧。注意
充气大小适中，太小效果不明
显，太大容易炸。

2.

在充好气的气球表面粘贴
一块5厘米×4厘米的胶带。

操作步骤

请家长操作，
注意实验安全。

3. 用牙签戳胶带中心处，
看看气球会不会炸。

爸爸："咚咚，你睁大眼睛看好了，千万别眨眼哦。"

爸爸再一次用牙签缓慢戳气球贴有透明胶带的部位，气球再一次神奇地"完好无损"，没有爆炸。

咚咚："怎么气球到了你的手上，就不炸呢？害得我心都悬了起来。"

为什么人突然听到刺耳的声音就会闭眼？

　　这是人体的一种应激反应，是人的先天反应。当人体受到某种刺激的时候，第一反应都是保护自己，所以通常会闭眼，以为这样就会免于外界的伤害。其实这是一种自我欺骗的方式，不会对保护自己起到任何作用，只是应激反应。

应激反应是指各种紧张性刺激物引起的个体做出生理或心理的没有固定规律的反应。比如有人看到红色的血会晕倒，就是一种应激反应。

咚咚："为什么这次没有炸呢？这次可是随意选的位置呀！"

爸爸："气球爆炸的原因是气球里面有很大的压强，也就是气压。通常情况下，尖锐物体碰到气球，气球会瞬间收缩，气压被瞬间释放就是爆炸了。但是用胶带贴住的气球，就不会那么容易收缩了。"

咚咚:"我知道啦!压强被一点点地释放,就不会炸啦!"

爸爸:"你说得太对了,那是否还有其他的方式让气球不炸呢?"

咚咚:"是不是可以把气球变厚一些?"

爸爸:"嗯,这也是一个方法,通过改变物体的材料。"

小 知 识

气球有多种材质，普通的气球一般是由乳胶做成的，由100%纯天然的乳胶制成，其材质特点是强度高、弹性大、厚薄均匀，保持充气时间长，但是触碰到尖锐物品容易爆炸。当然还有更结实一点儿的像橡胶、塑料、铝膜乳胶等材质气球，可以保持相对时间长的形态。而热气球一般是强化纤维或涤纶的材质，那就更结实了。生产者为了气球的色彩更加艳丽多彩，会在原材料中添加染料、油墨。因此不同色彩材质的气球也被应用到更多的场合和用途中。

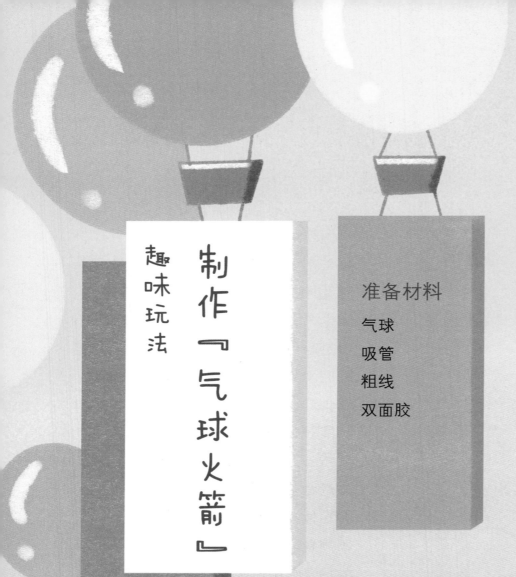

趣味玩法

制作「气球火箭」

准备材料
气球
吸管
粗线
双面胶

气球运动的原理

气球之所以能运动，这是因为力的相互作用，当气球出气口向外喷气时，气球给空气施加了一个很大的作用力；相应的，空气也会给气球施加一个反作用力，在这个反作用力的推动下，气球飞速向前飞行。

操作步骤

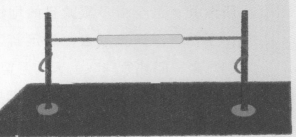

1. 粗线穿过吸管；

2. 粗线两端绑在固定杆子上，两端保持水平绷直，并且吸管可在其粗线上自由滑动；

3. 将气球充气并捏紧出气口，用双面胶把气球固定在吸管上；

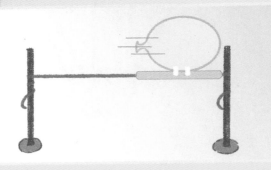

4. 松开气球出气口，"气球火箭"完成，观察气球运动。

热气球类型

近些年，热气球也被更多人所熟知，甚至很多旅游目的地推出了热气球游览项目，满足游客们想坐一回热气球飞上天的愿望。其实热气球还有很多不同的类型，国际航空联合会（FAI）下属的气球理事会（CIA）根据填充的气体不同，把气球分成四类。

AA 型：

填充比空气轻的气体，如氢气或氦气，气囊不密闭，没有加热装置；

AX 型：

气囊中填充空气，通过装置对空气加热，使之变轻获得升力，又被称为热气球

AM 型：

既填充"轻气"，又具有加热装置的气球，又被称为罗泽（Rozier）气球；

AS 型：

填充"轻气"，气囊密闭，由于高度可通过充气量控制，用于科学研究。

拓展与实践

请试着利用气球的推力，把气球装在轻质的玩具小车上，动手做一个气球动力小车吧！

扫一扫
观看实验视频

绘图：查筱菲　王悦　余宛洳　潘晓燕　黄郁璇

图书在版编目（CIP）数据

发现身边的科学.不会炸的气球／王轶美主编；贺杨，陈晓东著；上电 – 中华"华光之翼"漫画工作室绘 . -- 北京：中国纺织出版社有限公司，2021.6

　　ISBN 978-7-5180-8347-3

　　Ⅰ.①发… Ⅱ.①王… ②贺… ③陈… ④上… Ⅲ.①科学实验—少儿读物 Ⅳ.① N33-49

中国版本图书馆CIP数据核字（2021）第022979号

策划编辑：赵　天　　　特约编辑：李　媛
责任校对：高　涵　　　责任印制：储志伟　　　封面设计：张　坤

中国纺织出版社有限公司出版发行
地址：北京市朝阳区百子湾东里 A407 号楼　邮政编码：100124
销售电话：010—67004422　传真：010—87155801
http://www.c-textilep.com
中国纺织出版社天猫旗舰店
官方微博 http://weibo.com/2119887771
北京通天印刷有限责任公司印刷　各地新华书店经销
2021 年 6 月第 1 版第 1 次印刷
开本：710×1000　1/12　印张：24
字数：80 千字　定价：168.00 元（全 12 册）